101 図面に用いる文字(1)

年　月　日　学年　年　組　番　名前 ＿＿＿＿＿＿＿＿

次の文字を練習しなさい。

▶ p.18

文字高さ10mm

```
1 1              2 2              3 3
4 4              5 5              6 6
7 7              8 8              9 9
0 0       1 2 3 4 5 6 7 8 9 0
```

文字高さ5mm

```
1 1      2 2      3 3      4 4
5 5      6 6      7 7      8 8
9 9      0 0              1 2 3 4 5 6 7 8 9 0
```

文字高さ7mm

```
A B C D E F G H I J K L M N O P Q R S T U V W X Y Z



a b c d e f g h i j k l m n o p q r s t u v w x y z
```

102 図面に用いる文字(2)

年 月 日	学年	年 組 番	名前

次の文字を練習しなさい。

教科書 ▶ p.18

文字高さ7mm

あいうえおかきくけこさしすせそたちつてとなにぬねのは

ひふへほまみむめもやゆよらりるれろわをん

アイウエオカキクケコサシスセソタチツテトナニヌネノハ

ヒフヘホマミムメモヤユヨラリルレロワヲン

文字高さ5mm

Steel　Structural　Ferrum　Casting　Forging　Carbon　Bronze　Brass

文字高さ7mm

設計　製図　尺度　形式　図番　材料　個数　工程　質量　組立　投影　断面　寸法

文字高さ5mm

4×16キリ　　φ160　　9キリ□φ20▽1　　SR75　　8リーマ　　2×6平行ピン

2×M10　　M76×1.5 細目　　モジュール m4　　歯数 23　　ピッチ円直径 92mm

103 線の練習(1)

年 月 日	学年	年 組 番	名前	

次の線を練習しなさい。

教科書 ▶ p.14

①

②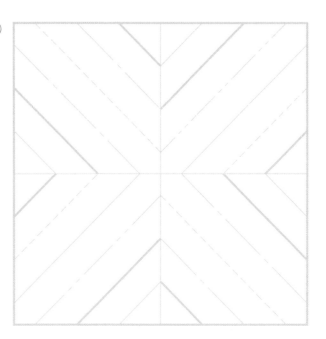

③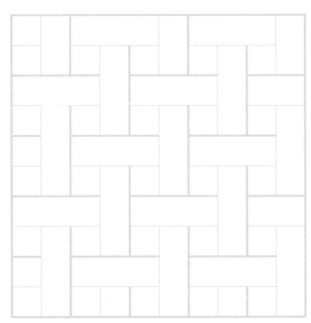

④

104 線の練習(2)

次の線を練習しなさい。

教科書 ▶ p.14

①

②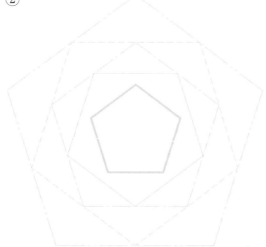

③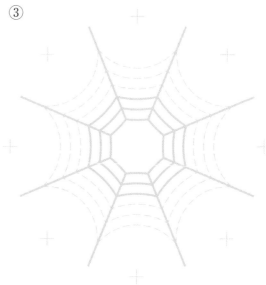

④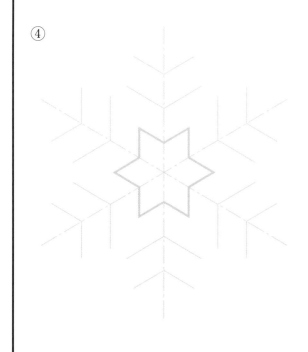

⑤

⑥

201 図面に用いる文字と線(1)

年	月	日	学年	年	組	番	名前

次の道路標識・地図記号を，定規，コンパス，テンプレートなどを使用してなぞってかき，名称も図面に用いる文字として下の欄に記入しなさい。

教科書 ▶ p.14,18

①		②		③	
車両通行止め	＿＿＿＿＿＿	車両進入禁止	＿＿＿＿＿＿	指定方向外 進行禁止	＿＿＿＿＿＿

④		⑤		⑥		⑦	
博物館	＿＿＿＿＿＿	高等学校	＿＿＿＿＿＿	警察署	＿＿＿＿＿＿	官公舎	＿＿＿＿＿＿

6

次の道路標識・地図記号を寸法の指示に従って，定規，コンパス，テンプレートなどを使用してかきなさい。また，標識の名称も図面に用いる文字として【 】に記入しなさい。

教科書 p.14,18

① 駐車可

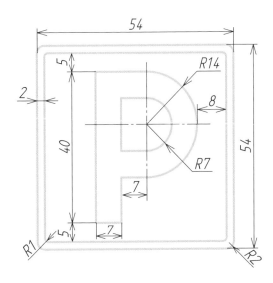

【　　　　　　】

② 電子基準点

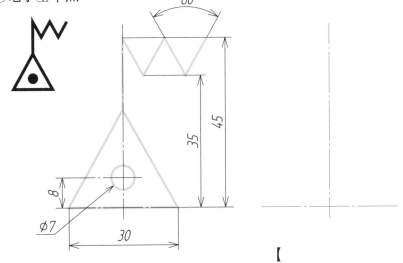

【　　　　　　】

③ 自然災害伝承碑

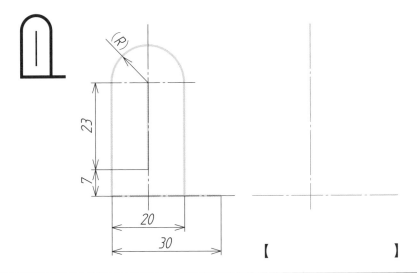

【　　　　　　】

203 平面図形のかき方

年	月	日	学年	年	組	番	名前

次に示す平面図形のかき方を練習しなさい。

教科書 ▶ p.24

① 直線ABに垂直な2等分線

② 角AOBを2等分する線

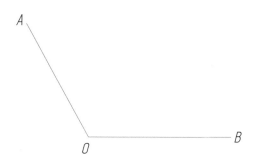

⑤ 円O_1（半径8mm），O_2（半径12mm）に接する円（半径50mm）

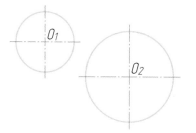

③ 点ABCを通る円

④ 円に内接する正六角形

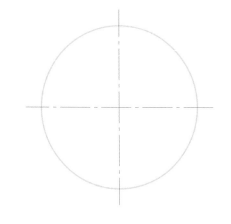

301 立体を平面で表す方法(1)

次の等角図に示した品物の投影図で不足している線をかき入れて，投影図を完成させなさい。大きさは等角図の目盛りの数に合わせなさい。
穴は，すべて貫通しているものとする。

教科書 ▶ p.28

① QR

② QR

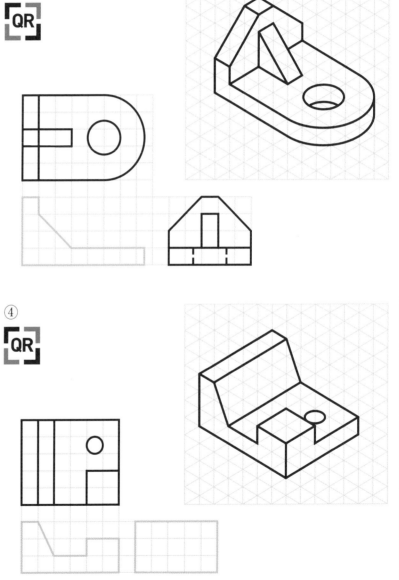

③ QR

④ QR

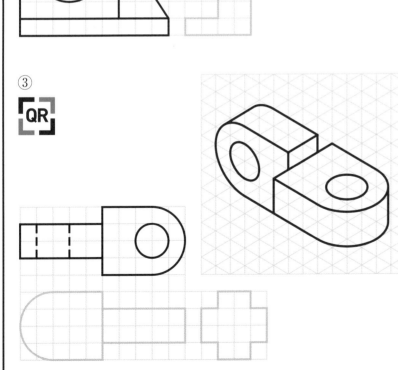

302 立体を平面で表す方法 (2)

次の等角図に示した品物の投影図で不足している図をかき入れて，投影図を完成させなさい。大きさは等角図の目盛りの数に合わせなさい。
穴は，すべて貫通しているものとする。

教科書 ▶ p.28

①

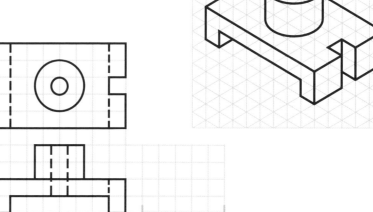

②

③

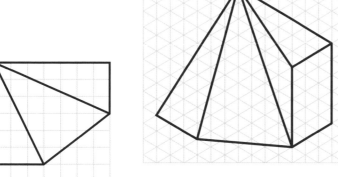

④

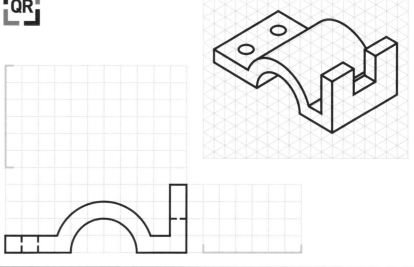

303 立体を平面で表す方法(3)

次の等角図に示した品物の投影図を完成させなさい。大きさは等角図の目盛りの数に合わせなさい。

教科書▶ p.28

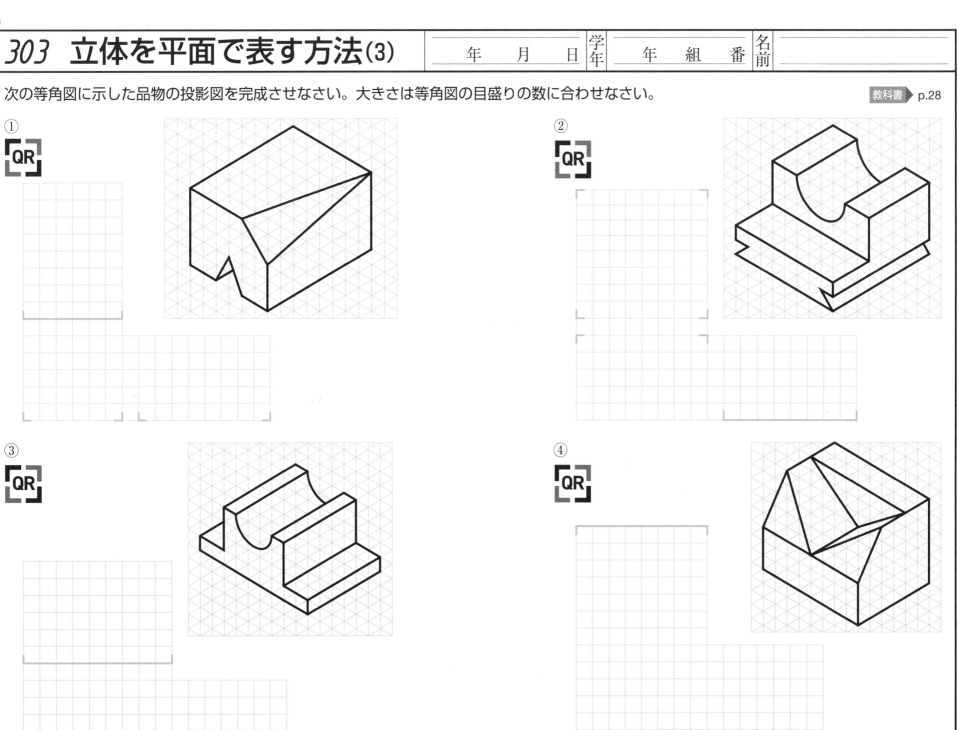

①

QR

②

QR

③

QR

④

QR

11

304 立体を平面で表す方法(4)

年　　月　　日／学年／年　組　番／名前

次の等角図に示した品物の投影図を完成させなさい。大きさは等角図の目盛りの数に合わせなさい。穴は，すべて貫通しているものとする。

教科書 ▶ p.28

①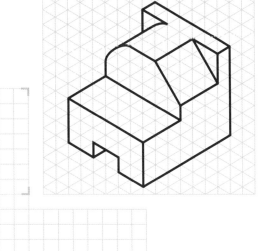

②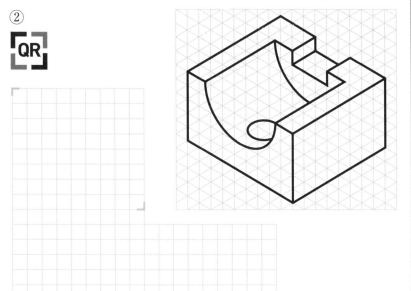

③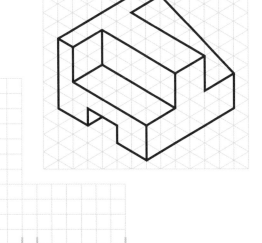

④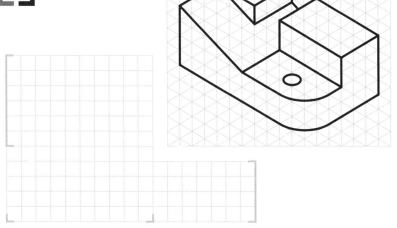

401 品物の形状が一目でわかる方法(1)

年　月　日　学年　年　組　番　名前

次の投影図に示した品物のキャビネット図をかきなさい。大きさは投影図の目盛りの数に合わせなさい。

教科書 ▶ p.38

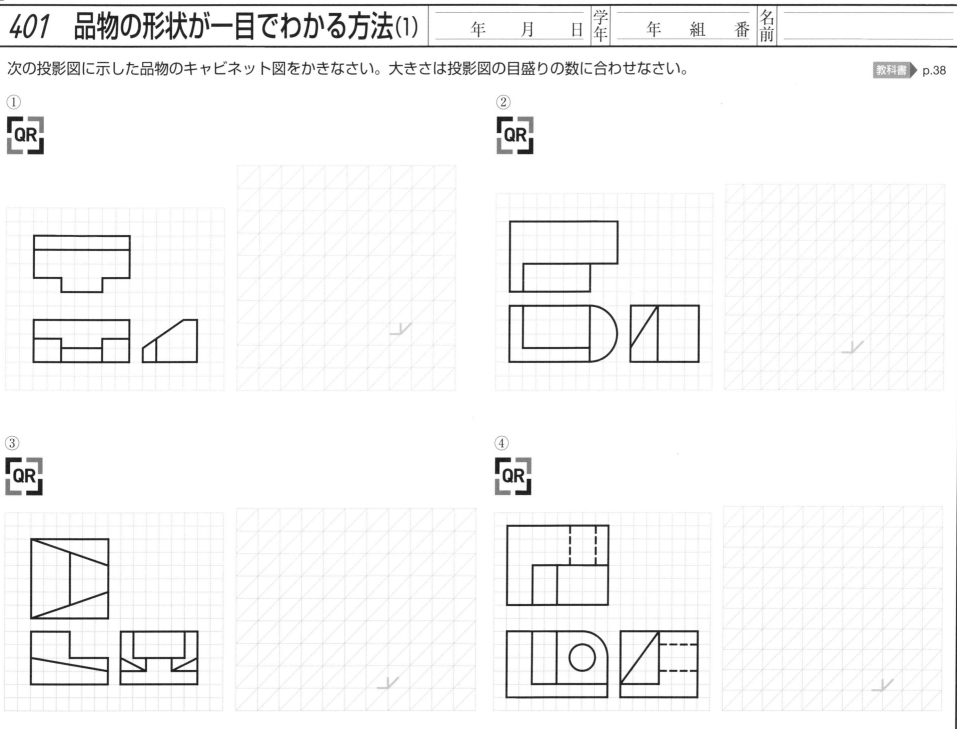

① QR

② QR

③ QR

④ QR

402 品物の形状が一目でわかる方法(2)

次の投影図に示した品物の等角図を完成させなさい。大きさは投影図の目盛りの数に合わせなさい。

教科書 ▶ p.38

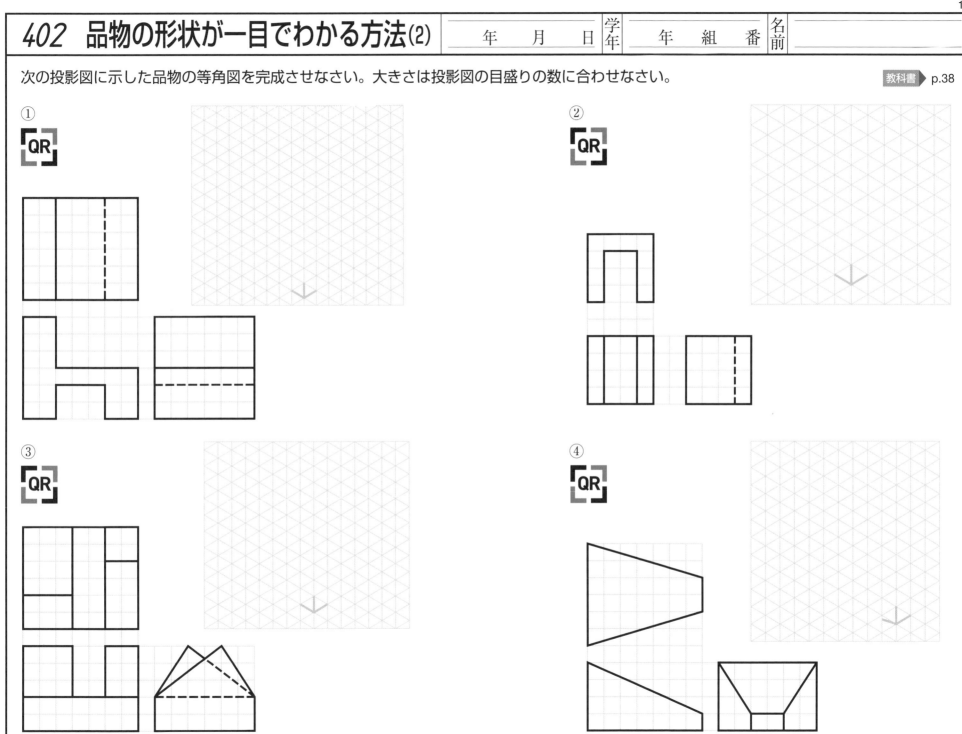

① QR

② QR

③ QR

④ QR

403 品物の形状が一目でわかる方法(3)

年　月　日	学年	年　組　番	名前

次の投影図に示した品物の等角図を完成させなさい。大きさは投影図の目盛りの数に合わせなさい。

教科書 p.38

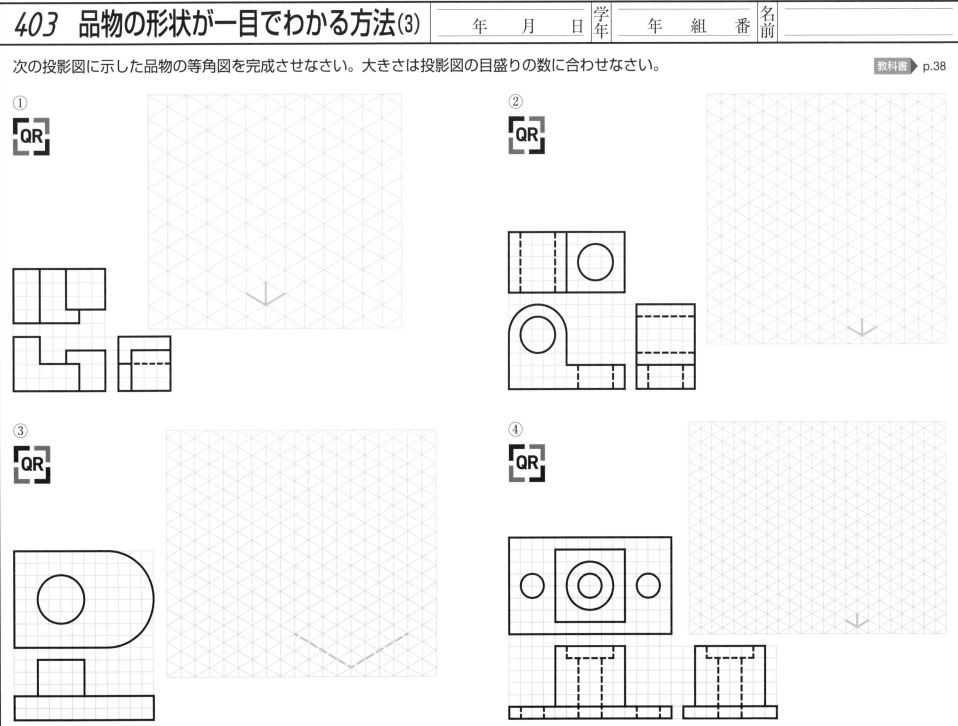

404 品物の形状が一目でわかる方法(4)

次の投影図で示した品物の等角図とキャビネット図をかきなさい。大きさは投影図の目盛りの数に合わせなさい。

教科書 ▶ p.38

① QR

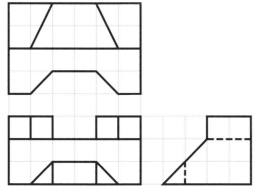

等角図

キャビネット図

② QR

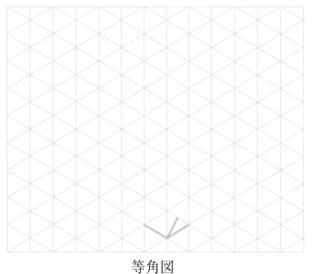

等角図

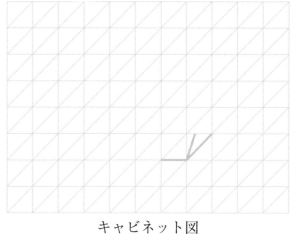

キャビネット図

501 展開図

年　　月　　日　学年　　年　組　番　名前

1　下図に示すような投影図の品物の側面の展開図を定規，スケールなどを用いてかきなさい。

教科書 ▶ p.45

①

②

2　下図はサイコロとその展開図である。
　　例以外の展開図を三つかきなさい。

教科書 ▶ p.45

（例）

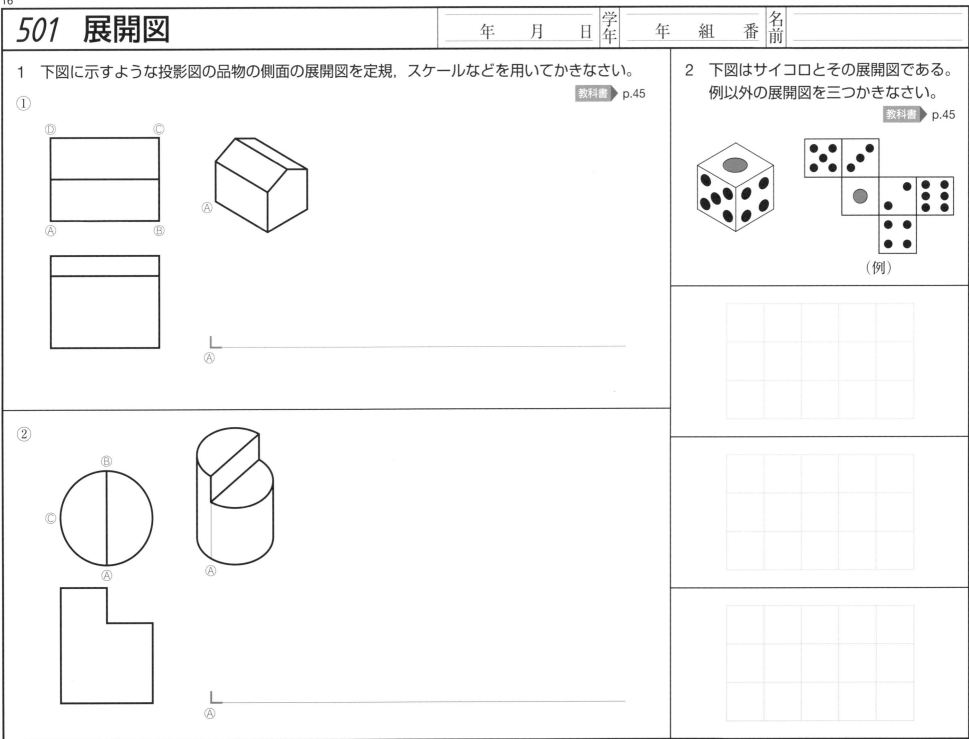

502 主投影図の選び方

1 次の品物はどこを正面図とするのが適切か記号で答えなさい。
また，その理由を答えなさい。

教科書 p.48

（イ）
（ウ）
（ア）
（エ）
（オ）
（カ）

（ア）　（イ）　（ウ）

（エ）　（オ）　（カ）

正面図とする図

理由

2 次の主投影図は右側の立体図を示している。主投影図だけで，品物の形状を表すことができるように寸法を記入しなさい。

教科書 p.48

①

10　25　10
15
15　25

②

40
5
25

503 品物の内部の表し方

1　次の図は果物の断面を表している。フリーハンドでなぞりなさい。 　教科書 ▶ p.50

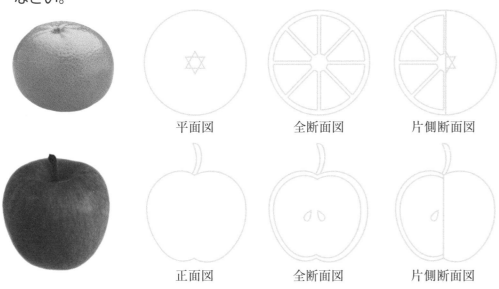

平面図　　　　全断面図　　　　片側断面図

正面図　　　　全断面図　　　　片側断面図

2　等角図を参考に，全断面図をかきなさい。 　教科書 ▶ p.50

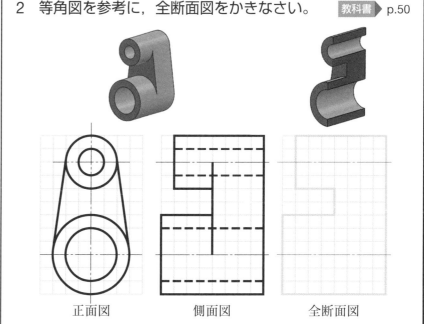

正面図　　　　側面図　　　　全断面図

3　等角図を参考に，全断面図をかきなさい。 　教科書 ▶ p.50

4　等角図を参考に，片側断面図をかきなさい。 　教科書 ▶ p.50

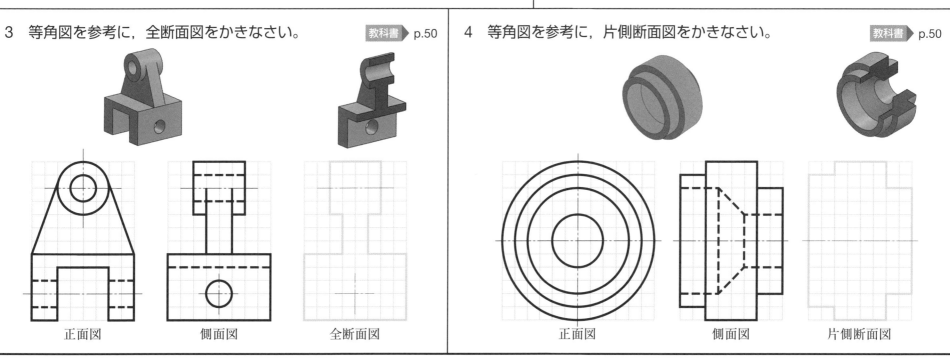

正面図　　　　側面図　　　　全断面図

正面図　　　　側面図　　　　片側断面図

601 いろいろな寸法記入の方法

年　月　日　　学年　年　組　番　名前

次の各図において，指示された寸法を寸法線や寸法補助線，引出線，寸法補助記号などを用いて図中にかきなさい。　　教科書 ▶ p.56

① 15mmの正方形の辺	② （左側）直径20mm 　（右側）直径12mm	③ 直径20mm	④ 半径10mm

⑤ 30mmの弦	⑥ 35mmの円弧	⑦ 60°の角度

⑧ 3mmの面取り	⑨ 板厚5mm	⑩ 直径10mmのリーマ穴	⑪ 直径10mm深さ20mmの 　キリ穴

602 いろいろな大きさの表し方(1)

1 次の①②の寸法を図中に記入しなさい。 　教科書▶ p.86
　①直径15mmのきり穴が12個連続している。
　②1100mmの寸法線間は11等分，ピッチは100mmである。

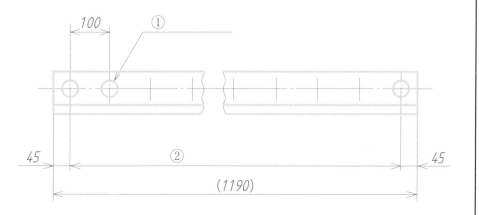

2 次の図(a)を対称図形の記号を用いて，片側だけを表した図形を図(b)にかきなさい。 　教科書▶ p.89

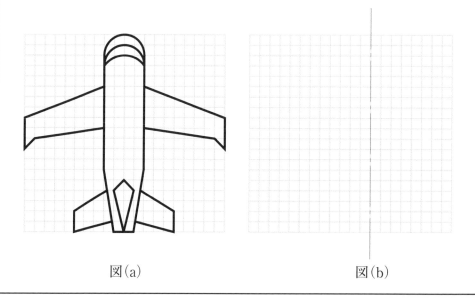

図(a)　　　　　　　　　図(b)

3 図(c)において，*a*=12，*b*=10，*l*=120 のときのこう配を引出線，参照線を用いて図(d)に指示しなさい。 　教科書▶ p.87

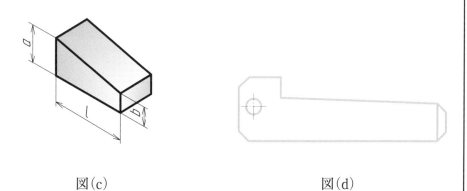

図(c)　　　　　　　　　図(d)

4 図(e)において，*a*=50，*b*=40，*l*=100 のときのテーパを引出線，参照線を用いて図(f)に指示しなさい。 　教科書▶ p.87

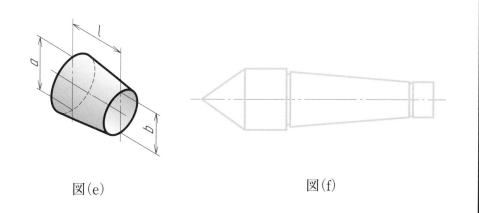

図(e)　　　　　　　　　図(f)

603 大きさの表し方(1)

1　次の片口スパナの投影図に寸法を記入しなさい。

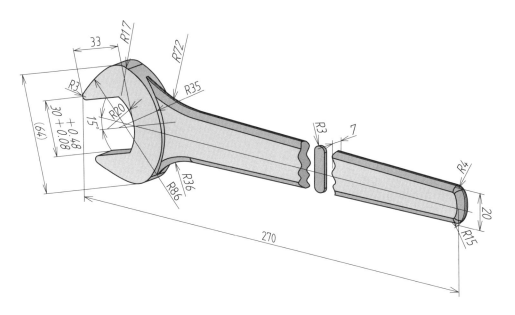

2　次のワイヤロープ止め金具の投影図に寸法を記入しなさい。

教科書 p.56

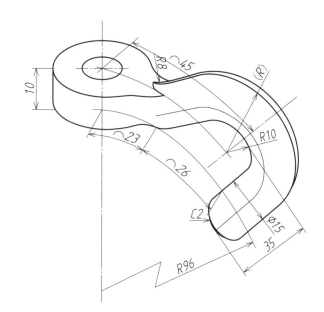

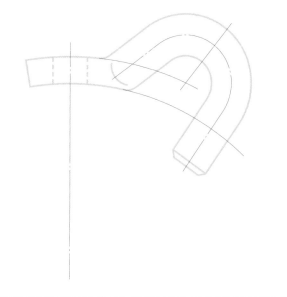

604 大きさの表し方(2)

1　次の等角図の投影図を，スケール，コンパス，テンプレートなどを用いてかき，その投影図に寸法を記入しなさい。

教科書 p.61

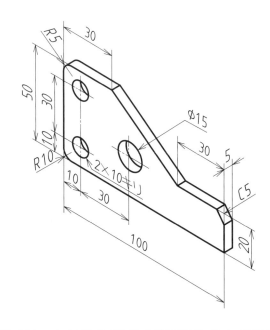

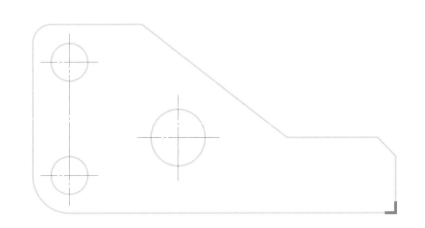

2　図(a)は，ねじ込み部の寸法を示したものである。
　　図(b)の断面図に寸法を記入しなさい。教科書 p.119

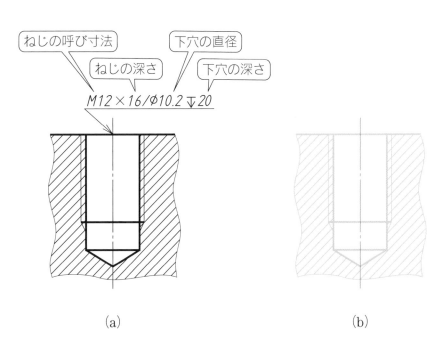

ねじの呼び寸法　　下穴の直径
ねじの深さ　　下穴の深さ

M12×16/φ10.2▽20

(a)　　　　　　　　　　(b)

605 図面の形式（表題欄）

年	月	日	学年	年	組	番	名前

下図は表題欄の一例である。材料と工程について，次の問いに答えなさい。

教科書 ▶ p.63, 64

照合番号	品　　名	材　料	個　数	工　程	質　量	記　事
1	弁　箱	CAC406	1	イ,キ	2.5kg	

1　次の材料記号の文字や数字は何を表しているか。【語群】より選びかき入れなさい。

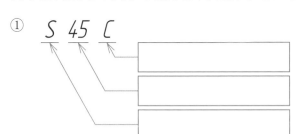

①　S 45 C

②　S S 400

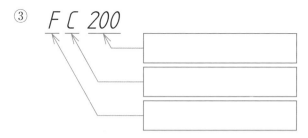

③　F C 200

【語群】

鋼（Steel）　　炭素（Carbon）　　鋳造品（Casting）　　鉄（Ferrum）　　銅（Copper）　　アルミニウム（Aluminium）

青銅（Bronze）　　鍛造品（Forging）　　薄板（Plate）　　一般構造用圧延材（Structural）　　棒（Bar）

最低引張強さ（400MPa）　　クロム鋼（Chromium）　　引張強さ（200MPa以上）　　炭素含有量（炭素を0.45％含有）

2　次の工程の記号は何を表しているか。【語群】より選びかき入れなさい。

①　イ ………　
②　キ ………　
③　タ ………　
④　プ ………　
⑤　ネ ………　

【語群】

鍛造 ………… 金属を叩いて圧力を与えて鍛えながら目的の形状とする。

機械 ………… 工作機械や切削工具を用いて，素材を目的の形状とする。

鋳造 ………… 作りたい形と同じ形の空洞部をもつ型に，溶けた金属を流し込み冷やして固めて目的の形状とする。

熱処理 ……… 鉄鋼製品の全体，または部分的に熱を加えることで，目的の性質や組織に変化させる。

プレス加工 … 対となった工具（金型）の間に素材をはさみ，工具によって強い力を加えることで目的の形状とする。

701 いろいろな断面図の表し方(1)

図(a)を断面図示したものが図(b)である。図(b)の断面部に赤色でスマッジングを施し，図(c)に平面図，図(d)に断面図をかきなさい。
ただし，図(c)，図(d)は1目盛り5mmとする。

教科書 p.76

① 組合せによる断面図示

* ⌴φ20：ざぐり径20
▽30：ざぐり深さ30

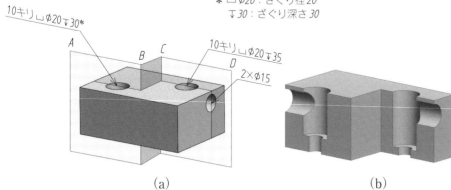

10キリ⌴φ20▽30*
10キリ⌴φ20▽35
2×φ15

(a)　　　　　　(b)

② 相交わる2平面で切断した断面図示

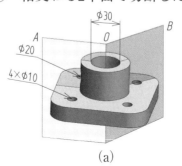

φ30
φ20
4×φ10

(a)　　　　　　(b)

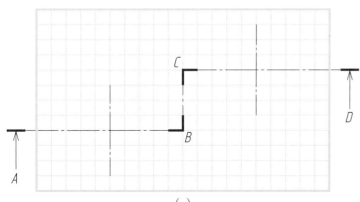

(c)

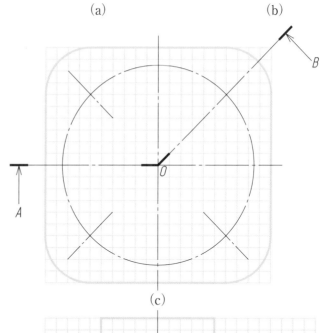

(c)

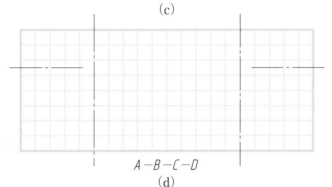

A−B−C−D
(d)

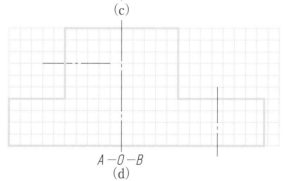

A−O−B
(d)

702 わかりやすい図示法・いろいろな大きさの表し方(2)

年　月　日　学年　年　組　番　名前

1　下の品物のA面の補助投影図を，定規，スケール，コンパスなどを用いて
　かきなさい。　教科書▶ p.84

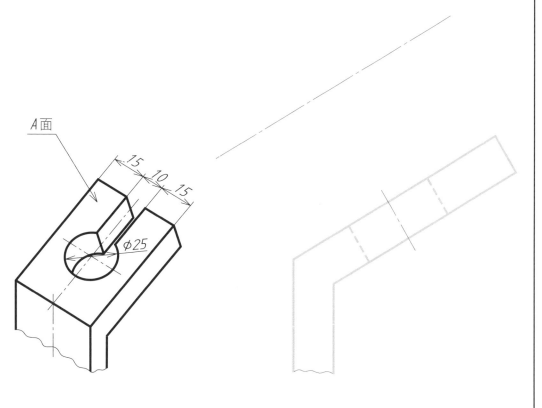

2　下に表した図(a)には誤った寸法記入がある。
　図(b)に正しい寸法を記入しなさい。　教科書▶ p.87,89

①

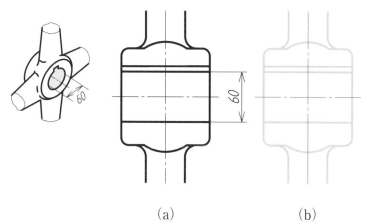

(a)　　　　　　　(b)

②

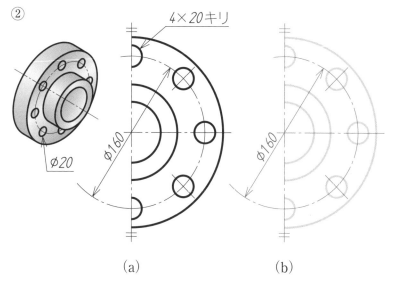

(a)　　　　　　　(b)

703 線・図形の省略

次の各図において，それぞれの省略の図示をスケール，コンパス，テンプレート，分度器などを用いてかきなさい。　教科書▶ p.82

① 図(a)を対称図示記号に合うように，図(b)(c)に省略図をかきなさい。

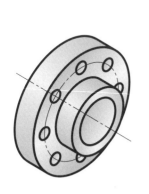
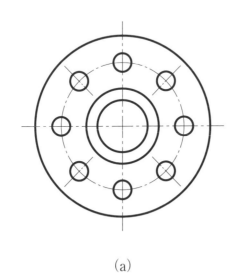

(a)

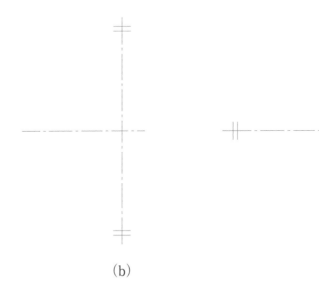

(b)　　　　　　　　　(c)

② 図(d)を繰返し図形の省略の図示により，1ピッチだけ実径で示し，図(e)を完成させなさい。また，寸法を記入しなさい。

③ 図(f)を中間部分の省略の図示により，図(g)を完成させなさい。

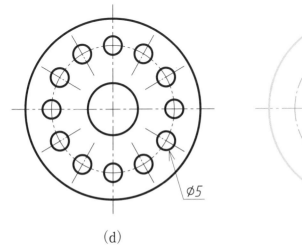

φ5

(d)

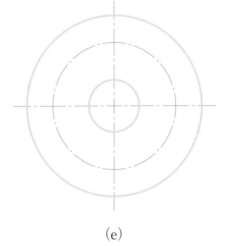

(e)

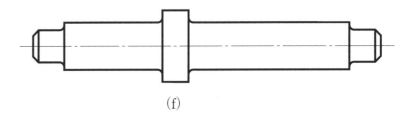

(f)

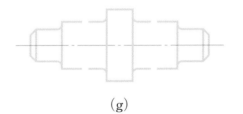

(g)

801 表面の粗さなどの状態の表し方

1　図(a)は，ある部品の表面性状を図示したものであり，記入のしかたに間違えではないが，適切でない箇所がある。図(b)に正しくかき改めなさい。

教科書▶ p.92

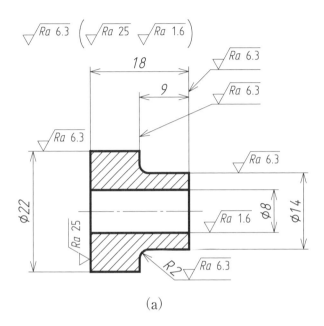

(a)

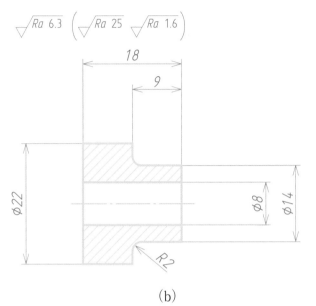

(b)

2　図(c)は，表面性状の図示記号がすべての面に指示されている。表面性状の図示記号を簡略して指示し，図(d)にかきなさい。

教科書▶ p.92

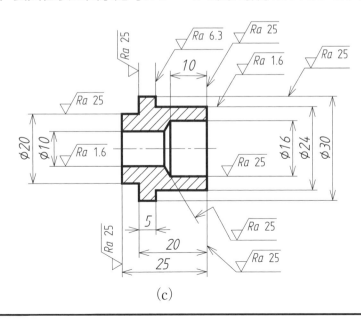

(c)

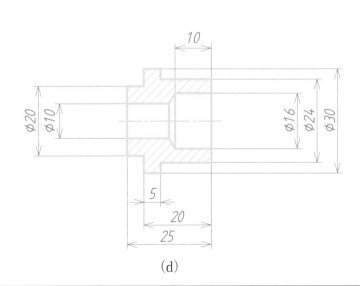

(d)

802 許される誤差の大きさの表し方

1　次の図は，サイズの許容限界を示したものである。表の空欄に該当する事項を記入しなさい。　教科書▶ p.103

[mm]

① 30±0.05

② φ24h6

③ 30 ⁻⁰·⁰⁵ ⁻⁰·¹⁰

$30\ {-0.05 \atop -0.10}$

④ φ24H7

サイズ / 項目	①	②	③	④
図示サイズ	30.00	24.000	30.00	24.000
上の許容差				
下の許容差				
上の許容サイズ				
下の許容サイズ				
サイズ公差				

2　次の図は，穴と軸のはめあいの状態を示したものである。表の空欄に該当する事項を記入しなさい。　教科書▶ p.103

①　　　　　　　②

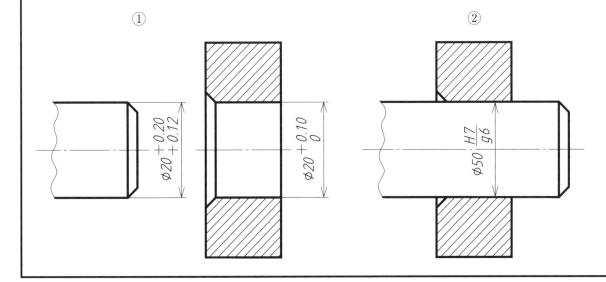

φ20 ⁺⁰·²⁰ ⁺⁰·¹²

φ20 ⁺⁰·¹⁰ ₀

φ50 H7/g6

[mm]

サイズ / 項目	①	②
図示サイズ	20.00	50.000
はめあいの種類		
穴のサイズ公差		
軸のサイズ公差		
最大すきま　または 最大しめしろ		

901 ねじの製図

1　図(a)はねじを表す。表記された寸法で正面図と平面図を分度器，スケール，コンパス，テンプレートなどを用いて1目盛を1mmとしてかきなさい。なお，正面図に寸法を記入しなさい。　教科書▶p.119

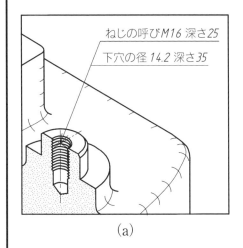

ねじの呼びM16 深さ25
下穴の径 14.2 深さ35

(a)

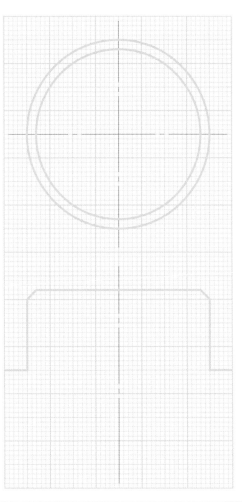

2　図(b)はざぐりを表す。表記された寸法で正面図と平面図をスケール，コンパス，テンプレートなどを用いて1目盛を1mmとしてかきなさい。なお，正面図に寸法を記入しなさい。　教科書▶p.130

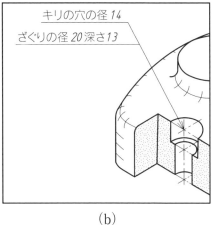

キリの穴の径 14
ざぐりの径 20 深さ13

(b)

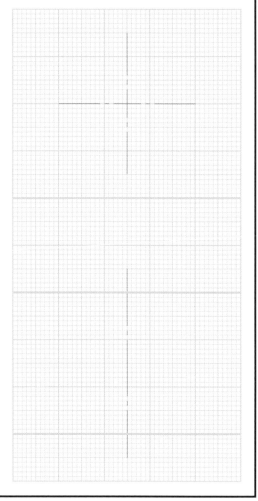

902 ボルト・ナットのかき方

年 月 日	学年	年 組 番	名前	

図(a)はボルト・ナットを簡略図示したものである。この略画法により，下記①〜⑮の順に，スケール，コンパス，テンプレートなどを用いて，図(b)のボルト・ナットを完成させなさい。ただし，六角ボルトは「呼び径六角ボルトM20×80−8.8」，六角ナットは「六角ナットスタイル1M20-8座付き」とする。ボルトの外径*d*を基準にかいていく。　教科書▶ p.124

① 半径*d* = ＿＿＿＿ mmの寸法で円をかく。

② ①でかいた円に内接する正六角形をかく。

③ 正六角形に内接する円をかく。

④ ボルトの基準面から先端までの寸法を，

六角ボルトの呼びから ＿＿＿＿ mmでかく。

⑤ ボルトの先端部分を半径*d* = ＿＿＿＿ mmでかく。

⑥ ねじ部長さを2*d* = ＿＿＿＿ mmでかく。

⑦ 不完全ねじ部を*d*が大きい場合として，

$\frac{1}{10}d$ = ＿＿＿＿ mmで両側にかく。

⑧ 不完全ねじ部を ＿＿＿＿ °の角度でかく。

⑨ ボルト頭の高さを $\frac{3}{5}d$ = ＿＿＿＿ mmでかく。

⑩ ボルト頭の面取りを ＿＿＿＿ °の角度でかく。

⑪ ボルト頭の円弧を半径 $1\frac{1}{2}d$ = ＿＿＿＿ mmでかく。

⑫ ⑪でかいた半円の延長上とボルト頭の側面との

交点Pからボルト頭までの距離を*r*とする。

ボルト頭の左右の円弧を半径*r*でかく。

⑬ ナット頭の高さを $\frac{9}{10}d$ = ＿＿＿＿ mmでかく。

⑭ おねじの外径線を直径*d* = ＿＿＿＿ mmでかく。

⑮ おねじの谷の径線を直径 $\frac{8}{10}d$ = ＿＿＿＿ mmでかく。

その際，右上を ＿＿＿＿ あけてかく。

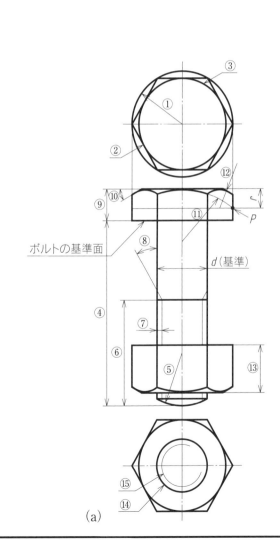

(a)

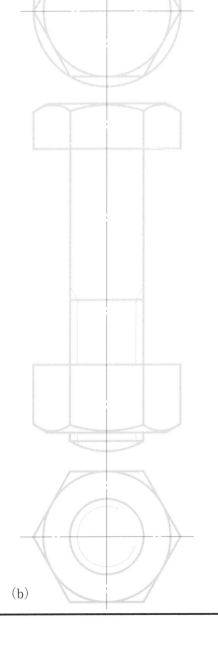

(b)

903 応用問題(1)歯車の要目表

年　月　日	学年	年　組　番	名前

写真aの壊れた平歯車から，要目表を完成させなさい。

教科書 ▶ p.144, 145

① 写真aより壊れた平歯車の歯数を数えなさい。＿＿＿＿＿ 枚

② 写真aより壊れた平歯車の外径を測定しなさい。写真aの
尺度は，1：1とする。　　　　　　　　＿＿＿＿＿ mm

③ ①と②で求めた歯数と外径から，モジュールを求めなさい。
〔式〕

　　　　　　　　　　　　　　　　　＿＿＿＿＿ mm

④ 壊れた平歯車の基準円直径を計算で求めなさい。
〔式〕

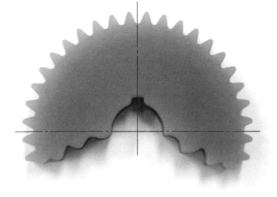
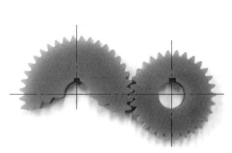

写真a　壊れた歯車（尺度1：1）　　　写真b　一対の歯車（尺度尺度1：2）

　　　　　　　　　　　　　　　　　＿＿＿＿＿ mm

⑤ 写真bの一対の平歯車の場合，相手の小歯車の歯数を数えなさい。
　　　　　　　　　　　　　　　　　＿＿＿＿＿ 枚

⑥ 写真bの一対の平歯車の中心距離を，歯数から計算で求めなさい。
〔式〕

　　　　　　　　　　　　　　　　　＿＿＿＿＿ mm

⑦ バックラッシについて説明しなさい。

＿＿＿＿＿＿＿＿＿＿＿＿＿＿＿＿＿＿＿＿＿＿＿＿＿＿＿＿＿＿

＿＿＿＿＿＿＿＿＿＿＿＿＿＿＿＿＿＿＿＿＿＿＿＿＿＿＿＿＿＿

⑧ 右表の平歯車要目表を完成させなさい。

平歯車要目表					
歯車歯形		標準	仕上方法	ホブ切り	
標準ラック	歯形	並歯	精度	JIS B 1702 9級	
	モジュール		備考	相手歯車転位量　　0	
	圧力角	20°		相手歯車歯数　＿＿＿	
	歯数			中心距離　＿＿＿	
	基準円直径			バックラッシ　0.2〜0.8 ※材料	
	転位量	0		※熱処理	
	歯たけ	3.375		※硬さ	
歯厚	またぎ歯厚				

904 応用問題(2)図面を読む

年　　月　　日／学年　　年　組　番／名前 _____

右の「平歯車」の図面について，次の問に答えなさい。

教科書▶（　）内に参照ページを示す

① ◯ に当てはまる図番を正しい向きで図中にかきなさい。(p.62)

② ◯ の欄の名称は何か。(p.62) _____

③ ◯ の材料の規格名は何か。(p.64)
_____

④ ◯ の工程「キ」の意味は何か。(p.63) _____

⑤ ◯ の表面性状の記号は，どのような仕上げ面か。
(p.93) _____

⑥ ◯ に当てはまる表面性状の記号を図中にかきなさい。(p.93)

⑦ ◯ の C1 の意味は何か。(p.59) _____

⑧ ◯ の幾何公差の意味は何か。(p.108)
　データム _____ に対しての _____ 公差
　_____ mm

⑨ ◯ の「4×18キリ」の意味は何か。(p.86)
_____

⑩ ◯ の表面性状の記号は，どのような仕上げ面か。
(p.93) _____

⑪ ◯ の幾何公差の意味は何か。(p.108)
　データム _____ に対しての _____ 公差
　_____ mm

⑫ ◯ の穴の基本サイズ公差は _____ mm，
　上の許容差は _____ mm，下の許容
　差は _____ mmである。(p.103)

⑬ ⑫の穴の上の許容サイズは _____ mm，
　下の許容サイズは _____ mm，サイズ
　公差は _____ mmである。

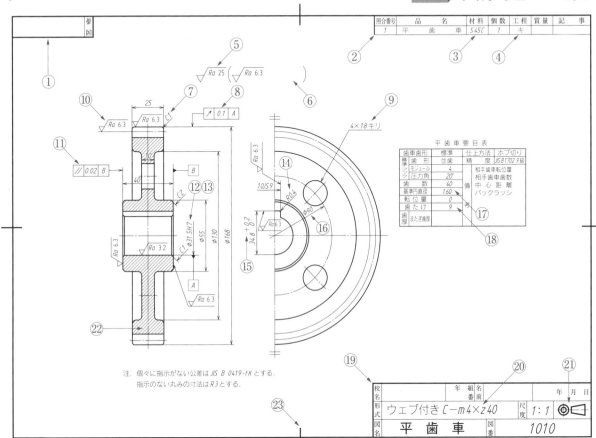

注．個々に指示がない公差は JIS B 0419-1K とする．
　　指示のない丸みの寸法は R3 とする．

照合番号	品　　　名	材料	個数	工程	質量	記事
1	平 歯 車	S45C	1	キ		

平 歯 車 要 目 表

歯車歯形		標準	仕上方法	ホブ切り
基準ラック	歯 形	並歯	精　度	JIS B1702 9級
	モジュール	4	相手歯車転位量	
	圧力角	20°	相手歯車歯数	
	歯 数	40	備 中 心 距 離	
	基準円直径	160	考 バックラッシ	
	転 位 量	0		
	歯 た け	9		
歯 厚	またぎ歯厚			

校名 _____
形式　ウェブ付き ℃−m4×z40　　尺度 1:1
図名　平 歯 車　　図番 1010
年 組 名 番号 前
年　月　日

⑭ ◯ の R 0.4 の意味は何か。(p.57) _____

⑮ ◯ の上の許容サイズ，下の許容サイズ
　はいくらか。(p.96) _____ ～

⑯ ◯ の φ90 の意味は何か。(p.56) _____

⑰ 基準円直径160の寸法はどこか。寸法
　を正面図に記入しなさい。

⑱ 歯たけ9の寸法はどこか。寸法を正面
　図に記入しなさい。

⑲ ◯ の欄の名称は何か。(p.62) _____

⑳ ◯ の「m4×z40」の意味は何か。(p.147)
_____

㉑ ◯ の記号の意味は何か。(p.62) _____

㉒ ◯ の斜線(ハッチング)は何を表しているか。
(p.78) _____

㉓ ◯ のマークは何というか。(p.62)
_____

101 図面に用いる文字(1)

年	月	日	学年	年	組	番	名前	

次の文字を練習しなさい。

教科書 p.18

文字高さ10mm

```
1 1 1 1 1 1 1 1    2 2 2 2 2 2 2 2    3 3 3 3 3 3 3 3
4 4 4 4 4 4 4 4    5 5 5 5 5 5 5 5    6 6 6 6 6 6 6 6
7 7 7 7 7 7 7 7    8 8 8 8 8 8 8 8    9 9 9 9 9 9 9 9
0 0 0 0 0 0 0 0    1 2 3 4 5 6 7 8 9 0
```

文字高さ5mm

```
1 1 1 1 1 1 1 1    2 2 2 2 2 2 2 2    3 3 3 3 3 3 3 3    4 4 4 4 4 4 4 4
5 5 5 5 5 5 5 5    6 6 6 6 6 6 6 6    7 7 7 7 7 7 7 7    8 8 8 8 8 8 8 8
9 9 9 9 9 9 9 9    0 0 0 0 0 0 0 0                        1 2 3 4 5 6 7 8 9 0
```

文字高さ7mm

```
A B C D E F G H I J K L M N O P Q R S T U V W X Y Z
A B C D E F G H I J K L M N O P Q R S T U V W X Y Z
a b c d e f g h i j k l m n o p q r s t u v w x y z
a b c d e f g h i j k l m n o p q r s t u v w x y z
```

102 図面に用いる文字(2)

年	月	日	学年	年	組	番	名前	

次の文字を練習しなさい。

教科書 p.18

文字高さ7mm

あいうえおかきくけこさしすせそたちつてとなにぬねのは
ひふへほまみむめもやゆよらりるれろわをん
アイウエオカキクケコサシスセソタチツテトナニヌネノハ
ヒフヘホマミムメモヤユヨラリルレロワヲン

文字高さ5mm

Steel	Structural	Ferrum	Casting	Forging	Carbon	Bronze	Brass
Steel	Structural	Ferrum	Casting	Forging	Carbon	Bronze	Brass

文字高さ7mm

設計 製図 尺度 形式 図番 材料 個数 工程 質量 組立 投影 断面 寸法
設計 製図 尺度 形式 図番 材料 個数 工程 質量 組立 投影 断面 寸法

文字高さ5mm

4×16キリ	φ160	9キリ ⌴ φ20 ▽1	SR75	8リーマ	2×6平行ピン
4×16キリ	φ160	9キリ ⌴ φ20 ▽1	SR75	8リーマ	2×6平行ピン
2×M10	M76×1.5 細目	モジュール m4	歯数 23		ピッチ円直径 92mm
2×M10	M76×1.5 細目	モジュール m4	歯数 23		ピッチ円直径 92mm

2

103 線の練習(1)

次の線を練習しなさい。

教科書 p.14

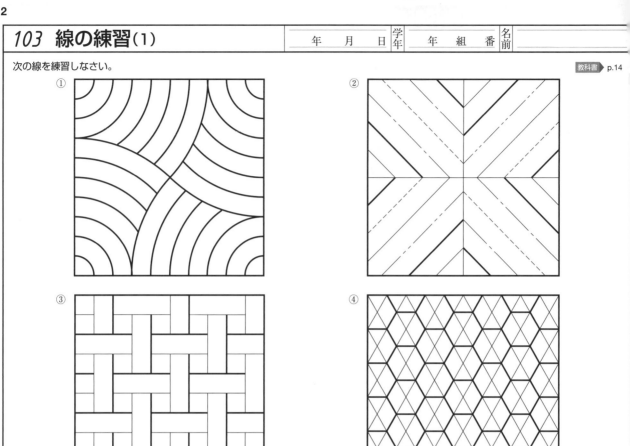

104 線の練習(2)

次の線を練習しなさい。

教科書 p.14

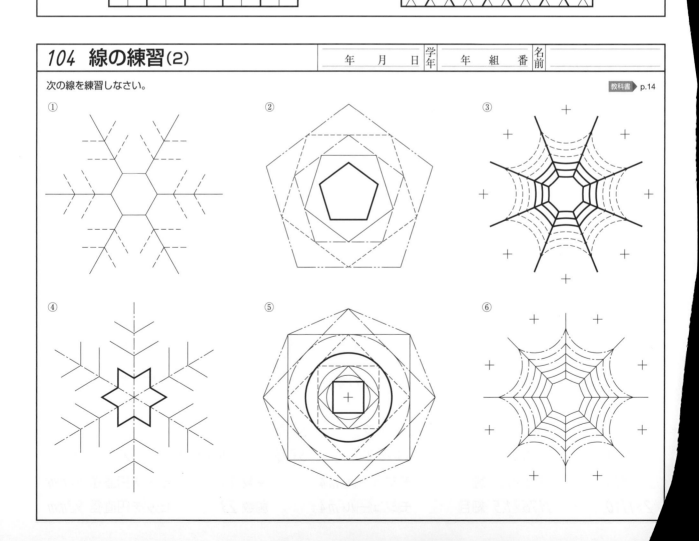

201　図面に用いる文字と線(1)

次の道路標識・地図記号を，定規，コンパス，テンプレートなどを使用してなぞってかき，名称も図面に用いる文字として下の欄に記入しなさい。

教科書 ▶ p.14,18

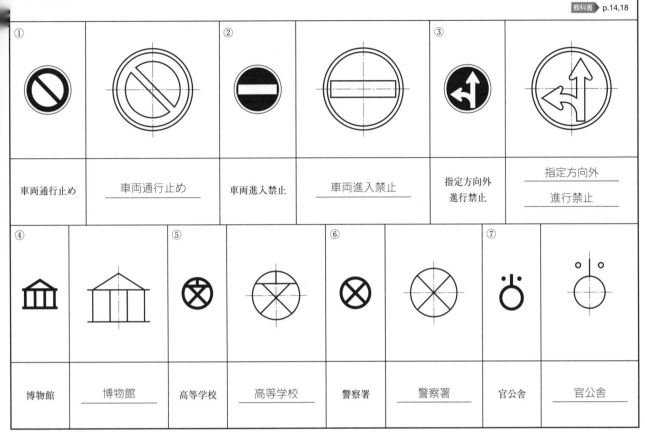

①		②		③	
車両通行止め	車両通行止め	車両進入禁止	車両進入禁止	指定方向外 進行禁止	指定方向外 進行禁止
④		⑤		⑥		⑦	
博物館	博物館	高等学校	高等学校	警察署	警察署	官公舎	官公舎

202　図面に用いる文字と線(2)

次の道路標識・地図記号を寸法の指示に従って，定規，コンパス，テンプレートなどを使用してかきなさい。また，標識の名称も図面に用いる
文字として【　】に記入しなさい。

教科書 ▶ p.14,18

①駐車可

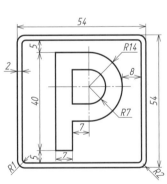

【　駐車可　】

②電子基準点

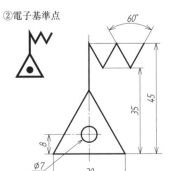
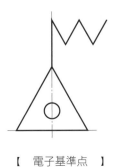

【　電子基準点　】

③自然災害伝承碑

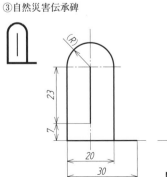
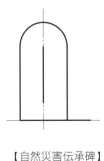

【自然災害伝承碑】

203 平面図形のかき方

年	月	日	学年	年	組	番	名前	

次に示す平面図形のかき方を練習しなさい。

教科書 p.24

① 直線ABに垂直な2等分線

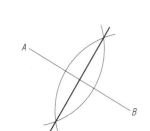

② 角AOBを2等分する線

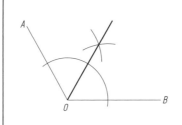

⑤ 円O_1（半径8mm），O_2（半径12mm）に接する円（半径50mm）

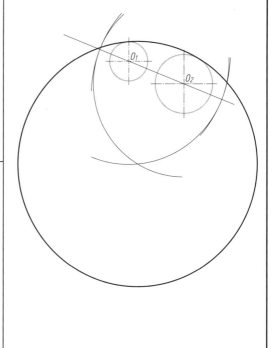

③ 点ABCを通る円

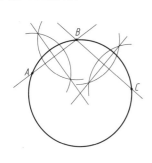

④ 円に内接する正六角形

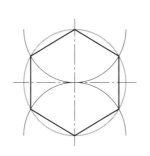

301 立体を平面で表す方法(1)

年	月	日	学年	年	組	番	名前	

次の等角図に示した品物の投影図で不足している線をかき入れて，投影図を完成させなさい。大きさは等角図の目盛りの数に合わせなさい。穴は，すべて貫通しているものとする。

教科書 p.28

①

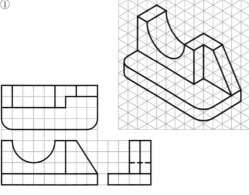

②

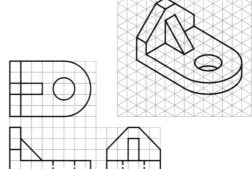

③

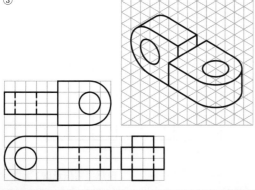

④

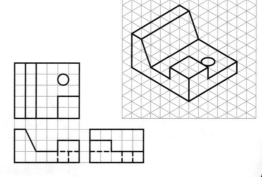

302 立体を平面で表す方法(2)

年　月　日　学年　年　組　番　名前

次の等角図に示した品物の投影図で不足している図をかき入れて，投影図を完成させなさい。大きさは等角図の目盛りの数に合わせなさい。
穴は，すべて貫通しているものとする。

教科書 p.28

①
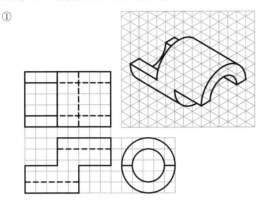

②
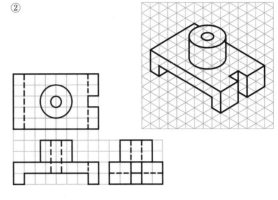

③
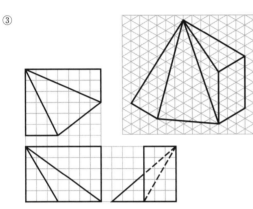

④
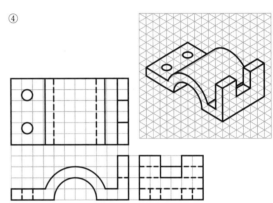

303 立体を平面で表す方法(3)

年　月　日　学年　年　組　番　名前

次の等角図に示した品物の投影図を完成させなさい。大きさは等角図の目盛りの数に合わせなさい。

教科書 p.28

①

②
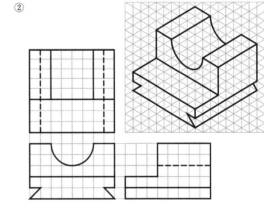

③
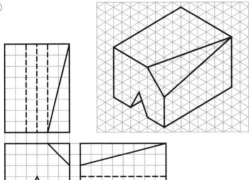

④
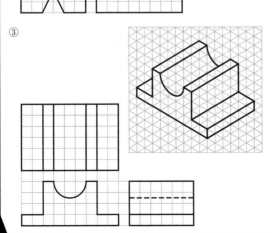

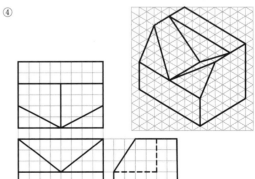

304　立体を平面で表す方法(4)

次の等角図に示した品物の投影図を完成させなさい。大きさは等角図の目盛りの数に合わせなさい。穴は，すべて貫通しているものとする。

教科書 p.28

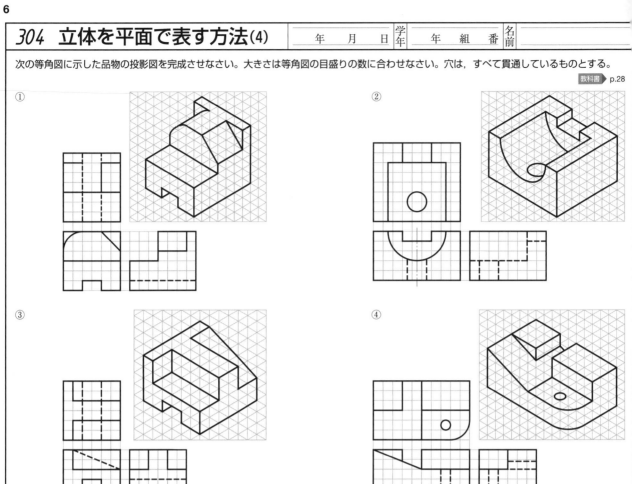

① ② ③ ④

401　品物の形状が一目でわかる方法(1)

次の投影図に示した品物のキャビネット図をかきなさい。大きさは投影図の目盛りの数に合わせなさい。

教科書 p.38

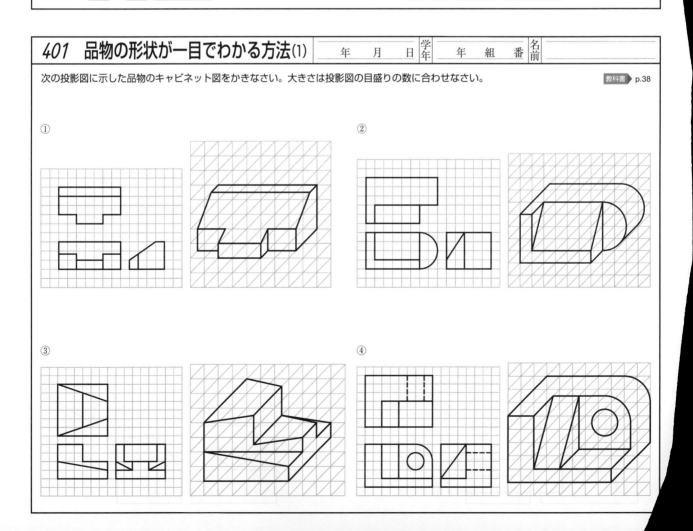

① ② ③ ④

402 品物の形状が一目でわかる方法(2)

年　月　日　学年　年　組　番　名前

次の投影図に示した品物の等角図を完成させなさい。大きさは投影図の目盛りの数に合わせなさい。

教科書 p.38

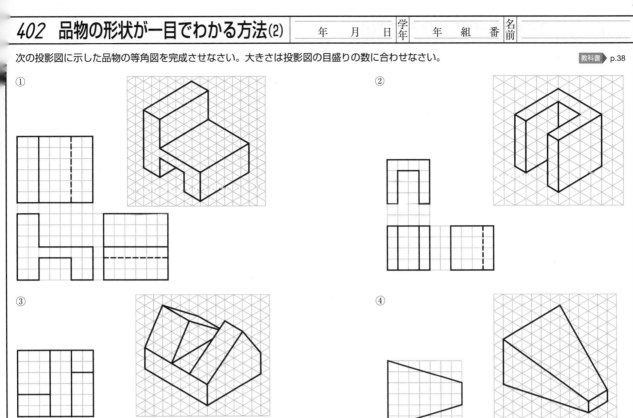

① ② ③ ④

403 品物の形状が一目でわかる方法(3)

年　月　日　学年　年　組　番　名前

次の投影図に示した品物の等角図を完成させなさい。大きさは投影図の目盛りの数に合わせなさい。

教科書 p.38

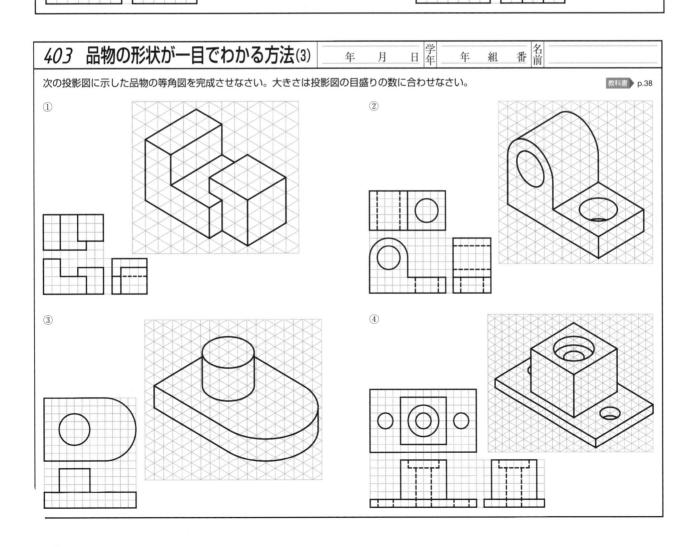

① ② ③ ④

404 品物の形状が一目でわかる方法(4)

年 月 日 | 学年 | 年 組 番 | 名前

次の投影図で示した品物の等角図とキャビネット図をかきなさい。大きさは投影図の目盛りの数に合わせなさい。

教科書 p.38

①

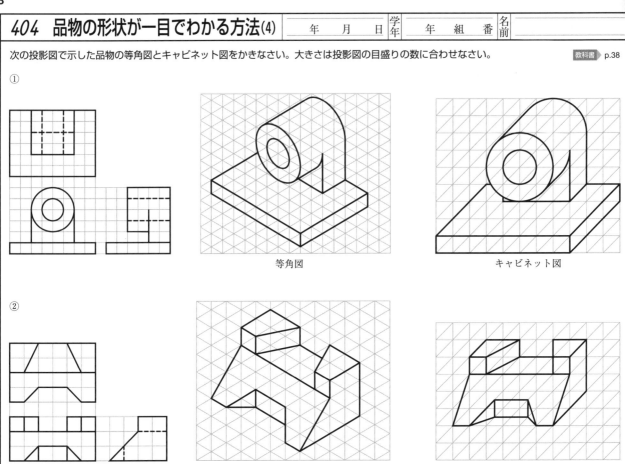

等角図　　　　　　　キャビネット図

②

等角図　　　　　　　キャビネット図

501 展開図

年 月 日 | 学年 | 年 組 番 | 名前

1　下図に示すような投影図の品物の側面の展開図を定規，スケールなどを用いてかきなさい。

教科書 p.45

①

②

2　下図はサイコロとその展開図である。例以外の展開図を三つかきなさい。

教科書 p.45

（例）

（解答例）

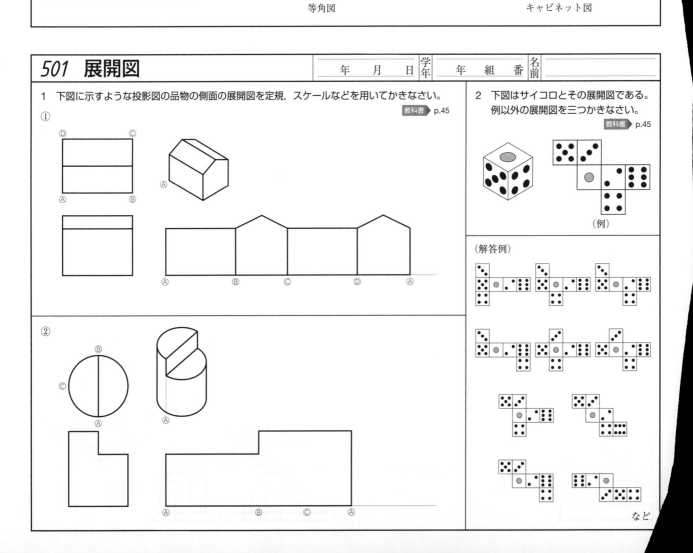

など

502 主投影図の選び方

1 次の品物はどこを正面図とするのが適切か記号で答えなさい。
また，その理由を答えなさい。

教科書 ▶ p.48

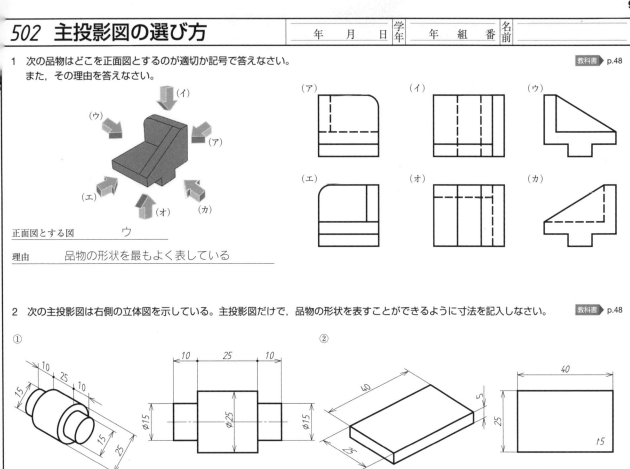

正面図とする図　　　　　ウ

理由　　品物の形状を最もよく表している

2 次の主投影図は右側の立体図を示している。主投影図だけで，品物の形状を表すことができるように寸法を記入しなさい。

教科書 ▶ p.48

① ②

503 品物の内部の表し方

1 次の図は果物の断面を表している。フリーハンドでなぞりなさい。

教科書 ▶ p.50

平面図　　　　全断面図　　　片側断面図

正面図　　　　全断面図　　　片側断面図

2 等角図を参考に，全断面図をかきなさい。

教科書 ▶ p.50

正面図　　　　側面図　　　　全断面図

3 等角図を参考に，全断面図をかきなさい。

教科書 ▶ p.50

正面図　　　　側面図　　　　全断面図

4 等角図を参考に，片側断面図をかきなさい。

教科書 ▶ p.50

正面図　　　　側面図　　　　片側断面図

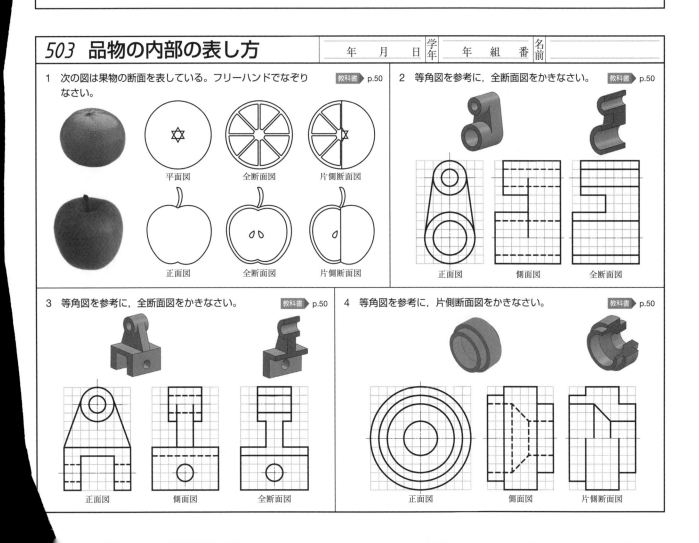

601 いろいろな寸法記入の方法

年 月 日	学年	年 組 番	名前

次の各図において，指示された寸法を寸法線や寸法補助線，引出線，寸法補助記号などを用いて図中にかきなさい。　　　教科書 ▶ p.56

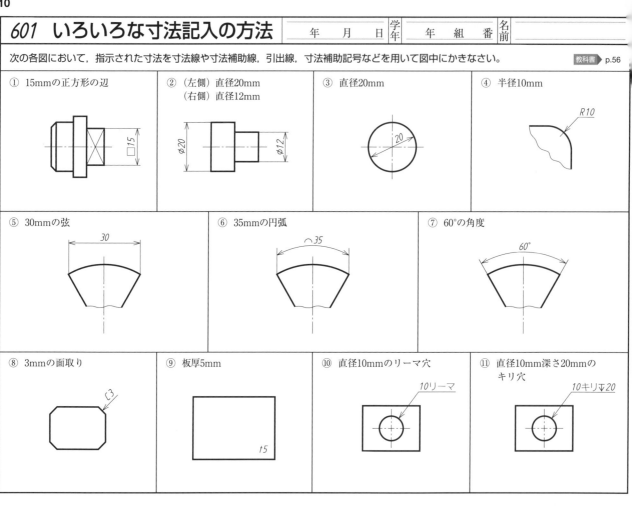

① 15mmの正方形の辺

② （左側）直径20mm
　 （右側）直径12mm

③ 直径20mm

④ 半径10mm

⑤ 30mmの弦

⑥ 35mmの円弧

⑦ 60°の角度

⑧ 3mmの面取り

⑨ 板厚5mm

⑩ 直径10mmのリーマ穴

⑪ 直径10mm深さ20mmの
　 キリ穴

602 いろいろな大きさの表し方(1)

年 月 日	学年	年 組 番	名前

1　次の①②の寸法を図中に記入しなさい。　　教科書 ▶ p.86
　　①直径15mmのきり穴が12個連続している。
　　②1100mmの寸法線間は11等分，ピッチは100mmである。

2　次の図(a)を対称図形の記号を用いて，片側だけを表した図形を
　　図(b)にかきなさい。　　教科書 ▶ p.89

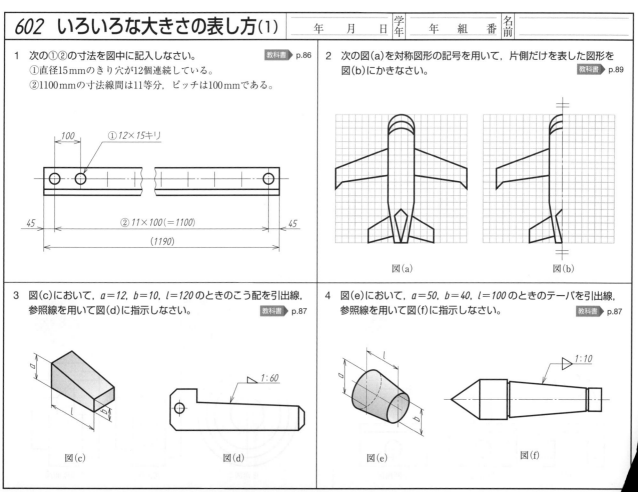

3　図(c)において，$a=12$，$b=10$，$l=120$のときのこう配を引出線，
　　参照線を用いて図(d)に指示しなさい。　　教科書 ▶ p.87

4　図(e)において，$a=50$，$b=40$，$l=100$のときのテーパを引出線，
　　参照線を用いて図(f)に指示しなさい。　　教科書 ▶ p.87

図(c)　　図(d)　　図(e)　　図(f)

603 大きさの表し方(1)

1 次の片口スパナの投影図に寸法を記入しなさい。

2 次のワイヤロープ止め金具の
投影図に寸法を記入しなさい。　教科書 ▶ p.56

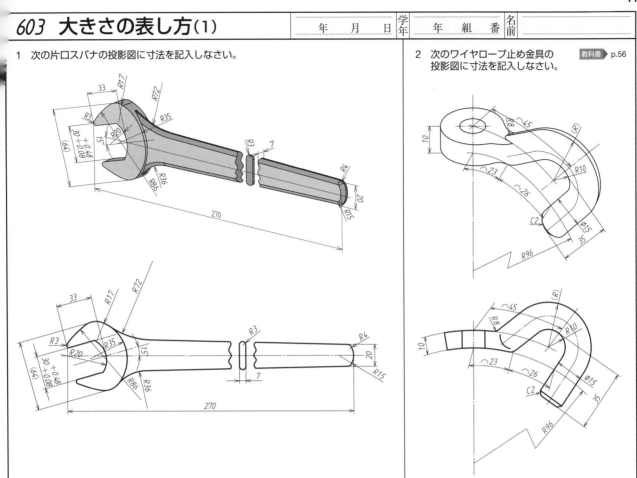

604 大きさの表し方(2)

1 次の等角図の投影図を，スケール，コンパス，テンプレートなどを用いてかき，その投影図に寸法を記入しなさい。　教科書 ▶ p.61

2 図(a)は，ねじ込み部の寸法を示したものである。
図(b)の断面図に寸法を記入しなさい。　教科書 ▶ p.119

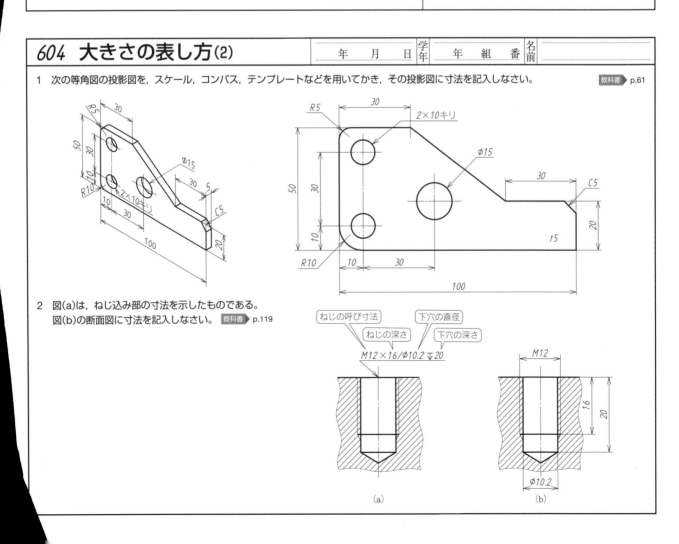

605 図面の形式（表題欄）

下図は表題欄の一例である。材料と工程について，次の問いに答えなさい。

教科書 p.63, 64

照合番号	品　名	材　料	個　数	工　程	質　量	記　事
1	弁箱	CAC406	1	イ, キ	2.5kg	

1 次の材料記号の文字や数字は何を表しているか。【語群】より選びかき入れなさい。

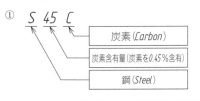

① S 45 C
- 炭素（Carbon）
- 炭素含有量（炭素を0.45%含有）
- 鋼（Steel）

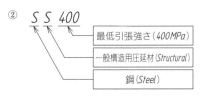

② S S 400
- 最低引張強さ（400MPa）
- 一般構造用圧延材（Structural）
- 鋼（Steel）

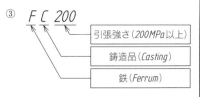

③ F C 200
- 引張強さ（200MPa以上）
- 鋳造品（Casting）
- 鉄（Ferrum）

【語群】　鋼（Steel）　炭素（Carbon）　鋳造品（Casting）　鉄（Ferrum）　銅（Copper）　アルミニウム（Aluminium）
青銅（Bronze）　鍛造品（Forging）　薄板（Plate）　一般構造用圧延材（Structural）　棒（Bar）
最低引張強さ（400MPa）　クロム鋼（Chromium）　引張強さ（200MPa以上）　炭素含有量（炭素を0.45%含有）

2 次の工程の記号は何を表しているか。【語群】より選びかき入れなさい。

① イ ……… 鋳造
② キ ……… 機械
③ タ ……… 鍛造
④ プ ……… プレス加工
⑤ ネ ……… 熱処理

【語群】
鍛造 ………… 金属を叩いて圧力を与えて鍛えながら目的の形状とする。
機械 ………… 工作機械や切削工具を用いて，素材を目的の形状とする。
鋳造 ………… 作りたい形と同じ形の空洞部をもつ型に，溶けた金属を流し込み冷やして固めて目的の形状とする。
熱処理 ……… 鉄鋼製品の全体，または部分的に熱を加えることで，目的の性質や組織に変化させる。
プレス加工 … 対となった工具（金型）の間に素材をはさみ，工具によって強い力を加えることで目的の形状とする。

701　いろいろな断面図の表し方（1）

図(a)を断面図示したものが図(b)である。図(b)の断面部に赤色でスマッジングを施し，図(c)に平面図，図(d)に断面図をかきなさい。ただし，図(c)，図(d)は1目盛り5mmとする。

教科書 p.76

① 組合せによる断面図示

＊ ⌴φ20：ざぐり径20
▽30：ざぐり深さ30

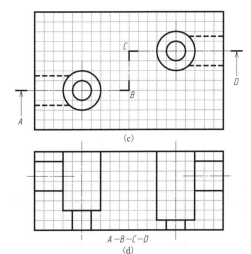

10キリ⌴φ20▽30＊
10キリ⌴φ20▽35
2×φ15

(a)　(b)

(c)

A−B−C−D
(d)

② 相交わる2平面で切断した断面図示

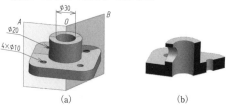

φ30
φ20
4×φ10

(a)　(b)

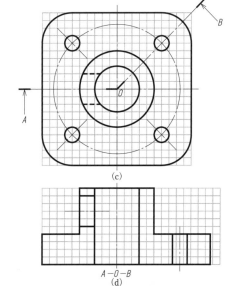

(c)

A−O−B
(d)

702 わかりやすい図示法・いろいろな大きさの表し方(2)

年　月　日　｜学年｜　年　組　番｜名前

1　下の品物のA面の補助投影図を，定規，スケール，コンパスなどを用いて
かきなさい。　教科書▶p.84

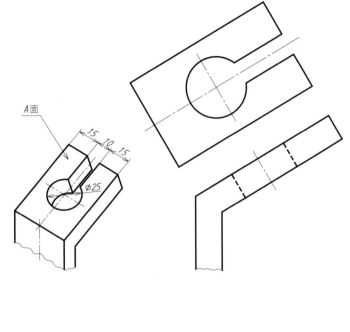

2　下に表した図(a)には誤った寸法記入がある。
図(b)に正しい寸法を記入しなさい。　教科書▶p.87,89

①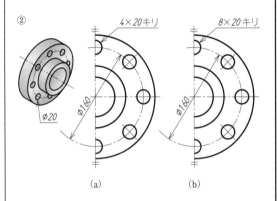

(a)　　　　　(b)

②

(a)　　　　　(b)

703　線・図形の省略

年　月　日　｜学年｜　年　組　番｜名前

次の各図において，それぞれの省略の図示をスケール，コンパス，テンプレート，分度器などを用いてかきなさい。　教科書▶p.82

①　図(a)を対称図示記号に合うように，図(b)(c)に省略図をかきなさい。

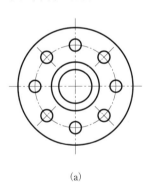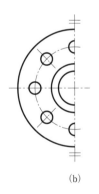

(a)　　　　　　　　(b)　　　　　　　(c)

②　図(d)を繰返し図形の省略の図示により，1ピッチだけ実径で示し，
図(e)を完成させなさい。また，寸法を記入しなさい。

③　図(f)を中間部分の省略の図示により，図(g)を完成させなさい。

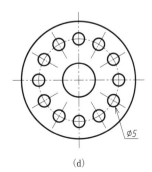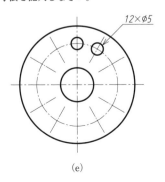

(d)　　　　　　　　(e)

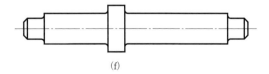

(f)

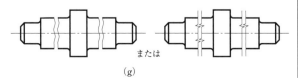

または

(g)

801 表面の粗さなどの状態の表し方　　年　月　日　学年　年　組　番　名前

1　図(a)は，ある部品の表面性状を図示したものであり，記入のしかたに間違えではないが，適切でない箇所がある。図(b)に正しくかき改めなさい。　教科書 p.92

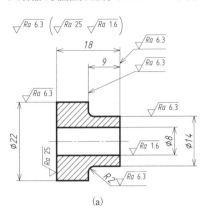

(a)　　　　　(b)

2　図(c)は，表面性状の図示記号がすべての面に指示されている。表面性状の図示記号を簡略して指示し，図(d)にかきなさい。　教科書 p.92

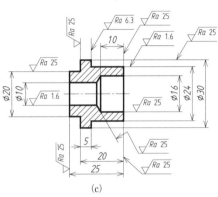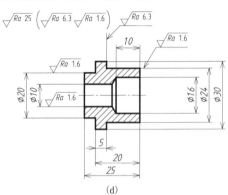

(c)　　　　　(d)

802 許される誤差の大きさの表し方　　年　月　日　学年　年　組　番　名前

1　次の図は，サイズの許容限界を示したものである。表の空欄に該当する事項を記入しなさい。　教科書 p.103

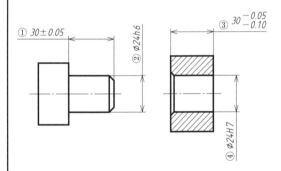

[mm]

項目 ＼ サイズ	①	②	③	④
図示サイズ	30.00	24.000	30.00	24.000
上の許容差	0.05	0	−0.05	0.021
下の許容差	−0.05	−0.013	−0.10	0
上の許容サイズ	30.05	24.000	29.95	24.021
下の許容サイズ	29.95	23.987	29.90	24.000
サイズ公差	0.10	0.013	0.05	0.021

2　次の図は，穴と軸のはめあいの状態を示したものである。表の空欄に該当する事項を記入しなさい。　教科書 p.103

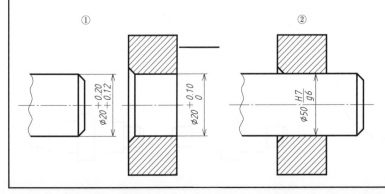

[mm]

項目 ＼ サイズ	①	②
図示サイズ	20.00	50.000
はめあいの種類	しまりばめ	すきまばめ
穴のサイズ公差	0.10	0.025
軸のサイズ公差	0.08	0.016
最大すきま　または	最大しめしろ	最大すきま
最大しめしろ	0.20	0.050

901 ねじの製図

年 月 日 | 学年 | 年 組 番 | 名前

1　図(a)はねじを表す。表記された寸法で正面図と平面図を分度器，スケール，コンパス，テンプレートなどを用いて1目盛を1mmとしてかきなさい。なお，正面図に寸法を記入しなさい。 教科書 p.119

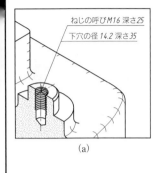

ねじの呼びM16 深さ25
下穴の径 14.2 深さ35

(a)

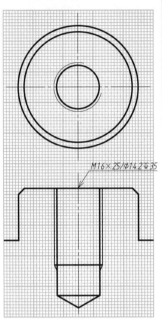

M16×25/φ14.2▽35

2　図(b)はざぐりを表す。表記された寸法で正面図と平面図をスケール，コンパス，テンプレートなどを用いて1目盛を1mmとしてかきなさい。なお，正面図に寸法を記入しなさい。 教科書 p.130

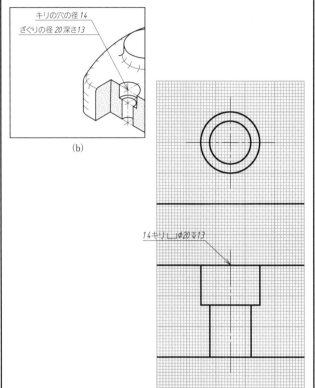

キリの穴の径 14
ざぐりの径 20 深さ13

(b)

14キリ⌴φ20▽13

902　ボルト・ナットのかき方

年 月 日 | 学年 | 年 組 番 | 名前

図(a)はボルト・ナットを簡略図示したものである。この略画法により，下記①～⑮の順に，スケール，コンパス，テンプレートなどを用いて，図(b)のボルト・ナットを完成させなさい。ただし，六角ボルトは「呼び径六角ボルトM20×80−8.8」，六角ナットは「六角ナットスタイル1M20-8座付き」とする。ボルトの外径 d を基準にかいていく。 教科書 p.124

① 半径 d = ___20___ mmの寸法で円をかく。

② ①でかいた円に内接する正六角形をかく。

③ 正六角形に内接する円をかく。

④ ボルトの基準面から先端までの寸法を，
六角ボルトの呼びから ___80___ mmでかく。

⑤ ボルトの先端部分を半径 d = ___20___ mmでかく。

⑥ ねじ部長さを $2d$ = ___40___ mmでかく。

⑦ 不完全ねじ部を d が大きい場合として，
$\frac{1}{10}d$ = ___2___ mmで両側にかく。

⑧ 不完全ねじ部を ___30___ °の角度でかく。

⑨ ボルト頭の高さを $\frac{3}{5}d$ = ___12___ mmでかく。

⑩ ボルト頭の面取りを ___30___ °の角度でかく。

⑪ ボルト頭の円弧を半径 $1\frac{1}{2}d$ = ___30___ mmでかく。

⑫ ⑪でかいた半円の延長上とボルト頭の側面との
交点Pからボルト頭までの距離を r とする。
ボルト頭の左右の円弧を半径 r でかく。

⑬ ナット頭の高さを $\frac{9}{10}d$ = ___18___ mmでかく。

⑭ おねじの外径線を直径 d = ___20___ mmでかく。

⑮ おねじの谷の径線を直径 $\frac{8}{10}d$ = ___16___ mmでかく。
その際，右上を $\frac{1}{4}$ あけてかく。

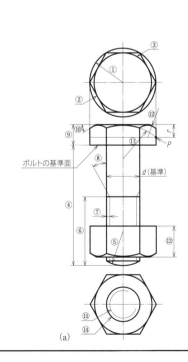

(a)

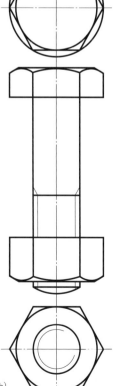

(b)

903 応用問題(1)歯車の要目表

写真aの壊れた平歯車から，要目表を完成させなさい。

教科書 p.144, 145

① 写真aより壊れた平歯車の歯数を数えなさい。＿＿＿40＿＿＿ 枚

② 写真aより壊れた平歯車の外径を測定しなさい。写真aの
　尺度は，1：1とする。　＿＿＿63＿＿＿ mm

③ ①と②で求めた歯数と外径から，モジュールを求めなさい。
　〔式〕 外径＝（歯数＋2）×モジュール　より
　　　　モジュール＝外径／（歯数＋2）
　　　　　　　　　　＝63／（40＋2）＝63／42＝1.5
　　　　　　　　　　　＿＿＿1.5＿＿＿ mm

④ 壊れた平歯車の基準円直径を計算で求めなさい。
　〔式〕 基準円直径＝モジュール×歯数　より
　　　　基準円直径＝1.5×40＝60
　　　　　　　　　　　＿＿＿60＿＿＿ mm

⑤ 写真bの一対の平歯車の場合，相手の小歯車の歯数を数えなさい。
　　　　　　　　　　　＿＿＿30＿＿＿ 枚

⑥ 写真bの一対の平歯車の中心距離を，歯数から計算で求めなさい。
　〔式〕 中心距離＝$\frac{（壊れた歯車の歯数＋相手歯車の歯数）}{2}$×モジュール　より
　　　　中心距離＝$\frac{（40＋30）}{2}$×1.5＝$\frac{70}{2}$×1.5＝35×1.5＝52.5
　　　　　　　　　　　＿＿＿52.5＿＿＿ mm

⑦ バックラッシについて説明しなさい。
　機械に用いられる送りねじ歯車などで，たがいにはまり合って動作するさい，運動方向に
　設けられたすきまのこと。このすきまによってねじや歯車は自由に動くことができる。

⑧ 右表の平歯車要目表を完成させなさい。

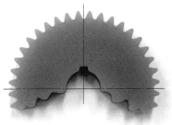
写真a　壊れた歯車(尺度1：1)

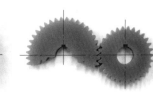
写真b　一対の歯車(尺度尺度1：2)

平歯車要目表

歯車歯形		標準	仕上方法	ホブ切り			
標準ラック	歯形	並歯	精度	JIS B 1702 9級			
	モジュール	1.5		相手歯車転位量			0
	圧力角	20°	備	相手歯車歯数			30
歯数		40		中心距離			52.5
基準円直径		60	考	バックラッシ　0.2〜0.8			
転位量		0		※材料			
歯たけ		3.375		※熱処理　※硬さ			
歯厚	またぎ歯厚						

904 応用問題(2)図面を読む

右の「平歯車」の図面について，次の問に答えなさい。

教科書　（　）内に参照ページを示す

① ☐に当てはまる図番を正しい向きで図中にかきなさい。(p.62)

② ☐の欄の名称は何か。(p.62)＿＿＿部品欄＿＿＿

③ ☐の材料の規格名は何か。(p.64)
　s：一般構造用圧延鋼材　45C：炭素を0.45％含有

④ ☐の工程「キ」の意味は何か。(p.63)＿＿機械＿＿

⑤ ☐の表面性状の記号は，どのような仕上げ面か。
　(p.93)＿＿荒仕上げ面＿＿

⑥ ☐に当てはまる表面性状の記号を図中にかきなさい。(p.93)

⑦ ☐のC1の意味は何か。(p.59)＿45°の面取り寸法1mm＿

⑧ ☐の幾何公差の意味は何か。(p.108)
　データム 軸直線A に対しての 円周振れ 公差
　＿＿0.1＿＿ mm

⑨ ☐の「4×18キリ」の意味は何か。(p.86)
　＿＿直径18mmの貫通穴が4つ＿＿

⑩ ☐の表面性状の記号は，どのような仕上げ面か。
　(p.93)＿＿中程度な切削仕上げ面＿＿

⑪ ☐の幾何公差の意味は何か。(p.108)
　データム 平面B に対しての 平行度 公差
　＿＿0.02＿＿ mm

⑫ ☐の穴の基本サイズ公差は ＿＿0.025＿＿ mm，
　上の許容差は ＿＿0.025＿＿ mm，下の許容
　差は ＿＿0＿＿ mmである。(p.103)

⑬ ⑫の穴の上の許容サイズは ＿31.525＿ mm，
　下の許容サイズは ＿31.500＿ mm，サイズ
　公差は ＿0.025＿ mmである。

⑭ ☐のR0.4の意味は何か。(p.57) 半径 0.4mm

⑮ ☐の上の許容サイズ，下の許容サイズ
　はいくらか。(p.96) 34.8mm 〜 35.0mm

⑯ ☐のφ90の意味は何か。(p.56) 直径 90mm

⑰ 基準円直径160の寸法はどこか。寸法
　を正面図に記入しなさい。

⑱ 歯たけ9の寸法はどこか。寸法を正面
　図に記入しなさい。

⑲ ☐の欄の名称は何か。(p.62)＿＿表題欄＿＿

⑳ ☐の「m4×z40」の意味は何か。(p.147)
　＿＿モジュール4で歯数が40枚＿＿

㉑ ☐の記号の意味は何か。(p.62)＿第3角法＿

㉒ ☐の斜線(ハッチング)は何を表しているか。
　(p.78)＿＿断面＿＿

㉓ ☐のマークは何というか。(p.62)
　＿＿中心マーク＿＿

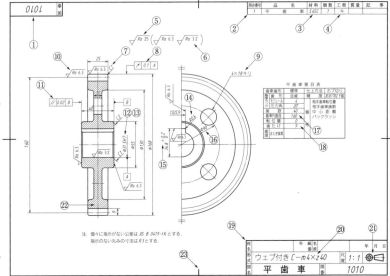

●パッケージを制作してみよう！

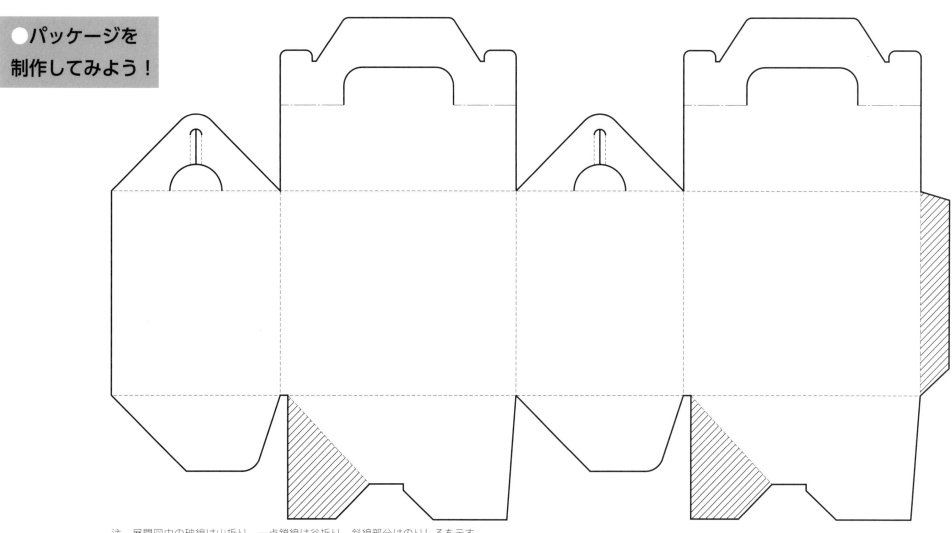

注．展開図中の破線は山折り，一点鎖線は谷折り，斜線部分はのりしろを示す．

教科書p.47製図例３のパッケージ（ケーキ箱）を実際に組み立てると，写真のようになる。製図例３の展開図を適当な大きさに拡大して厚紙に写し，カッターとはさみで切り取り，組み立ててみよう！

製図ワークノート

表紙デザイン
キトミズデザイン

● **著作者**──原田　昭

　　　　　髙梨　哲夫　● **発行者**──小田　良次

● **印刷所**──株式会社 広済堂ネクスト

● **発行所**──実教出版株式会社

〒102-8377
東京都千代田区五番町5
電話〈営業〉(03) 3238-7777
　　〈編修〉(03) 3238-7854
　　〈総務〉(03) 3238-7700
https://www.jikkyo.co.jp/

002502022　　　　　　ISBN 978-4-407-36074-5

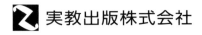実教出版株式会社

本書は植物油を使ったインキおよび再生紙を使用しています。

ISBN978-4-407-36074-5

C7050 ¥609E

定価670円(本体609円)

9784407360745

1927050006099

(工業 707)製図ワークノート

年　　　組　　　番　名前